AF475386

ACADÉMIE DE MÉDECINE

QUESTION

DES

ÉTABLISSEMENTS

D'EAUX MINÉRALES

DISCOURS

PRONONCÉ A L'ACADÉMIE DE MÉDECINE DANS LA SÉANCE DU 4 MARS 1873

PAR

M. le docteur HARDY

Professeur à la Faculté de médecine de Paris, etc.

PARIS

G. MASSON, ÉDITEUR

LIBRAIRE DE L'ACADÉMIE DE MÉDECINE

LACE DE L'ÉCOLE-DE-MÉDECINE

1873

QUESTION

DES

ÉTABLISSEMENTS

D'EAUX MINÉRALES

Je demande pardon à l'Académie de prolonger la discussion sur la question des eaux minérales, soulevée à propos du rapport de M. Gubler, mais je crois cette question importante pour l'Académie qui peut donner un avis impartial et éclairé aux pouvoirs publics, appelés à décider en dernier ressort sur la constitution des établissements d'eaux minérales; je la crois également très-importante pour les médecins qui pratiquent auprès des sources thermales. Ce n'est pas à proprement parler une question médicale, car la pathologie et la clinique n'ont que peu de chose à y voir, mais c'est une question d'hygiène publique et d'un grand intérêt professionnel; elle mérite donc doublement l'attention de l'Académie.

Après le discours de M. Fauvel on a pu croire un instant que tout était dit et qu'il n'y avait plus qu'à mettre aux voix les conclusions de la Commission; mais la contradiction est venue, et je dis qu'il est heureux qu'elle soit arrivée; toute opinion doit se faire entendre, et un jugement n'est bien rendu que si la cause a été envisagée sous toutes ses faces.

Il est évident qu'en dehors de l'Académie une certaine agitation, un certain courant, se sont élevés contre la constitution qui régit depuis de longues années les établissements d'eaux minérales; il est indispensable de savoir ce que veulent les adversaires du régime actuel, et sur quelles raisons ils s'appuient pour blâmer ce qui existe et pour en demander le changement. Sous ce rapport, M. Guérin a rendu un réel service à l'Académie en se faisant l'éloquent interprète de ces ennemis de l'état actuel. Il a formulé des plaintes très-vives, il a appuyé ses accusations d'arguments variés qui peuvent paraître plausibles, et ce sont précisément ces accusations et ces arguments que je demande à l'Académie la permission d'examiner et d'apprécier.

Je n'ai pas besoin de dire que j'aborde cette question avec une grande indépendance; mais j'avoue que je m'y intéresse beaucoup; comme tous mes confrères, j'adresse tous les ans un certain nombre de malades aux eaux, j'ai visité la plus grande partie des établissements thermaux en France et à l'étranger, je suis allé moi-même plusieurs fois prendre les eaux pour ma santé, je crois donc ne pas être étranger à la question présentement soumise à l'examen de l'Académie; mais je l'aborde sans parti pris, avec une véritable indépendance de position et avec le seul désir de voir sortir de cette discussion des mesures favorables à la prospérité des établissements d'eaux minérales, à la considération des médecins et surtout à la bonne administration des eaux dans l'intérêt des malades qui y vont chercher la santé.

Entrons donc dans la question et parlons surtout de l'inspectorat, car c'est là la vraie question controversée; je crois les partisans de la liberté absolue de l'exploitation des eaux minérales trop peu nombreux ici pour qu'il soit nécessaire de s'arrêter à discuter ces détails; avec cette liberté absolue d'exploiter les eaux minérales, on peut bien dire que la liberté serait surtout *la liberté de mal faire*. Je ne crois pas que personne dans cette enceinte réclame cette liberté, et M. Guérin lui-même n'a pas été jusque-là. S'il n'y a pas liberté, il y a donc nécessité de surveiller l'administration des eaux, de s'assurer si les eaux livrées aux malades sont pures de tout mélange défendu, si les appareils de douches et de bains fonctionnent régulièrement, si les prescriptions faites aux malades sont exécutées scrupuleusement et suivant les règlements particuliers à chaque établissement; il faut également s'efforcer d'améliorer graduellement tout ce qui a trait à l'administration des eaux sous le rapport de leur quantité, de leur pureté et de leur conduite. Il faut veiller à ce que les lois de l'hygiène soient observées dans les divers endroits où l'eau est employée en boissons, en bains, en douches, en pulvérisations, etc. Tout le monde est à peu près d'accord ici que ces fonctions de surveillance et d'amélioration doivent être exercées par des médecins, seulement, et c'est ici que commence la divergence d'opinion, les uns sont d'avis que le médecin surveillant de l'exploitation, directeur des améliorations, doit toujours être le même, qu'il doit être nommé par le gouvernement, que ce doit être un fonctionnaire public; les autres, au contraire, pensent que ces fonctions de contrôle et de direction doivent être exercées par des médecins sans aucune attache avec le gouvernement, par des *médecins libres*, pour me servir de l'expression consacrée. Examinons les raisons sur lesquelles se fondent les partisans de cette dernière opinion, et voyons si elles sont assez puissantes pour qu'on doive désirer le changement de ce qui existe.

On dit d'abord, et M. Guérin a insisté avec force sur ce point, que l'institution des inspecteurs officiels blesse le sentiment d'égalité qui devrait mettre tous les médecins, tous les membres d'un même corps sur la même ligne, dans la même position et avec les mêmes droits. Mais cette raison est-elle bien sérieuse et doit-elle nous arrêter longtemps? Est-il bien possible de faire passer tous les médecins, même ceux qui pratiquent autour d'une source thermale, sous ce niveau égalitaire? Encore bien qu'il n'existât plus d'inspecteurs, n'y aura-t-il pas toujours des différences, des distinctions qui établiront des inégalités entre les uns et les autres. Celui-ci sera plus ancien et plus connu dans la localité, celui-là sera professeur d'une école secondaire ou agrégé d'une Faculté, tel autre sera médecin d'un établissement public, tel autre sera décoré d'un ou de plusieurs ordres, ou pourvu d'une qualité quelconque qu'il aura soin de mettre sur sa carte de visite et même en tête de la feuille de papier sur laquelle il inscrira ses prescriptions médicales.

Devant ces diverses distinctions que deviendrait l'égalité professionnelle? elle n'existe pas et elle n'existera jamais, parce que là pas plus qu'ailleurs l'égalité n'est ni dans nos mœurs ni même dans la nature.

Si vous n'avez pas l'inspecteur, vous aurez d'ailleurs, comme on l'a très-bien dit, le médecin de l'établissement dont le titre remplacera dans l'esprit du public celui de l'inspecteur supprimé. Permettez-moi, sous ce rapport, de vous citer ce que j'ai vu l'été dernier dans l'une des villes maritimes les plus fréquentées par les Parisiens : en me promenant sur le bord de la mer, mes regards furent attirés par deux boutiques en planches, deux échopes assez élégantes, toutes deux appartenant à des médecins qui y donnaient des consultations à l'heure de la marée; sur l'une était écrit : le docteur ***, inspecteur des bains de mer; sur l'autre : le docteur X***, médecin de l'établissement des bains de mer. Qu'il n'y ait plus d'inspecteur, aura-t-on rétabli l'égalité entre tous les médecins de la ville, aura-t-on détruit un privilége, un monopole ? non on aura détruit une boutique au profit de la seule qui restera sur la plage; attendu que la compagnie qui a affermé à la commune le terrain le plus propre aux bains ne permettra qu'à son médecin privilégié d'avoir *pignon sur plage*.

Sauf les boutiques, ce qui se passe sur la mer a lieu également ailleurs, et si l'inspectorat était supprimé il y aurait presque partout des médecins des établissements qui ne remplaceraient pas avantageusement les inspecteurs, au moins en ce qui touche l'intérêt public.

M. Guérin nous a dit encore que l'inspectorat constituait un privilége, un monopole en faveur de celui qui en est le titulaire ; ce sont là de bien grands mots pour une bien petite chose ; il n'y a là à proprement parler ni privilége ni monopole; car les médecins libres peuvent voir des malades comme l'inspecteur et s'assurer dans l'établissement si leurs prescriptions sont bien exécutées. Dans beaucoup de stations, ainsi que l'a fort bien dit M. Fauvel, l'inspecteur n'est pas celui qui a le plus de malades à diriger ; et quand nous envoyons nos clients aux eaux, en les adressant à un médecin, nous ne regardons pas s'il est inspecteur; pour ma part, dans les eaux les plus fréquentées, là où il y a plusieurs médecins, c'est-à-dire à Vichy, à Bagnères-de-Luchon, à Cauterets, au Mont-Dore, à la Bourboule, etc., mes correspondants sont des médecins libres. Mais, ajoute-t-on, certaines personnes qui se rendent aux eaux et qui n'ont pas de médecin désigné s'adresseront de préférence à l'inspecteur parce qu'elles le supposent plus capable et parce que son titre seul le désigne à leur choix ; j'avoue le fait vrai, mais est-il fâcheux ? Je ne le pense pas ; il est dans l'intérêt des malades, lesquels, en demandant des conseils à l'inspecteur, ont plus de chance de trouver un médecin capable et honorable, qu'en allant trouver le premier venu, celui que leur auraient indiqué le maître d'hôtel, le voiturier ou même le commissionnaire chargé de transporter les bagages du nouvel arrivé.

Il en est des fonctions de l'inspecteur comme de toutes les positions médicales qui donnent de la considération ; et il ne viendra à personne l'idée de supprimer les médecins des hôpitaux, les professeurs des Facultés, voire même les membres de cette Académie, parce que le titre dont ils sont pourvus peut leur donner une clientèle plus nombreuse ou plus choisie. L'essentiel pour nous n'est pas de supprimer les fonctions d'inspecteur, mais de chercher à ce qu'elles soient confiées aux plus capables et aux plus dignes ; je reviendrai tout à l'heure sur ce point spécial.

Après cet argument de philosophie sentimentale relative à l'égalité et au monopole, on vous parle de l'intérêt général, de l'intérêt des pays dans lesquels se trouvent les eaux minérales, et comme représentant cet intérêt, on cite des conseils municipaux, des conseils généraux demandant la suppression de l'inspectorat. Pour connaître la valeur de cet argument, il est indispensable de se rendre compte de la composition de ces conseils, que je respecte très-fort comme pouvoirs publics, mais dont je me permets de suspecter un peu l'indépendance et la sincérité relativement aux établissements thermaux.

Dans les conseils municipaux des villes d'eaux figurent, en effet, comme membres influents, des médecins de la localité, médecins qui ne sont pas inspecteurs, qui souvent ont demandé le titre sans l'obtenir. Ces médecins ne sont pas partisans de l'inspecteur parce qu'il ne s'appelle pas de leur nom, et dans le conseil ils parlent contre une fonction qu'ils ne possèdent pas; et ils sont d'autant mieux écoutés que, dans ce conseil, il y a souvent des régisseurs, des employés des établissements thermaux, qui n'aiment pas l'inspecteur uniquement parce qu'il est leur surveillant, leur véritable chef; et d'ailleurs, dans le pays même, l'inspecteur n'est jamais très-apprécié; il n'a pas l'auréole dont l'a entouré M. Guérin, tout le monde ne va pas au-devant de lui, tout le monde ne cherche pas à lui être agréable, à lui amener des clients; bien au contraire, il est envié, il est suspect, on lui en veut par cette seule raison qu'il n'est pas du pays; c'est un *étranger* qui n'est ni le parent, ni le voisin, ni le compatriote de personne; et c'est là une qualité précieuse d'indépendance pour le service de contrôle dont il est chargé, qualité qu'on chercherait difficilement dans un médecin du pays. D'ailleurs, il ne faut pas oublier que plusieurs communes sont propriétaires des sources et des établissements thermaux, et qu'à ce titre elles payent au médecin une rémunération qui serait supprimée par la suppression de l'inspecteur.

Ce que je viens de dire des conseils municipaux peut s'appliquer aux conseils généraux, composés des mêmes éléments et dans lesquels se rencontrent des médecins pratiquant aux eaux minérales, des propriétaires d'eaux minérales, des concessionnaires, toutes personnes ayant des motifs pour ne pas aimer l'inspecteur.

Tout en enregistrant ces délibérations des conseils municipaux et généraux, je pense donc qu'il ne faut pas en exagérer l'importance.

Mais voici quelque chose qui paraît plus sérieux, je veux parler de cette adresse des médecins de Lyon demandant le maintien de la commission médicale d'Aix; là encore il faut rendre aux faits leur physionomie propre; si je suis bien informé, ils se seraient passés de la manière suivante. Au moment de l'annexion de la Savoie, le gouvernement français avait besoin de se faire des partisans; il trouva à Aix une dizaine de médecins influents dans ce pays, et qui préféraient à l'inspectorat, qu'ils ne pouvaient tous obtenir, une commission médicale dont ils étaient tous membres, et qui demandèrent la conservation de la commission médicale. Pour se faire bien venir, les partisans du gouvernement français promirent tout ce que l'on voulut, promesse imprudente, car elle ne fut pas tenue et ne pouvait l'être, puisqu'elle était en opposition avec la loi française relative aux établissements thermaux. C'est contre cette manière de faire et peut-être aussi dans un sentiment d'opposition au gouvernement actuel, que fut prise la délibération citée, et qui s'appliquait bien plus à la ville d'Aix qu'à tous les établissements d'eaux minérales en général.

Après avoir ainsi examiné les principaux arguments sur lesquels se fondent les adversaires de l'inspectorat, examinons maintenant ce qu'ils veulent mettre à la place de ce qui existe.

Quoique M. Guérin ait reculé dans ses conclusions bien plus douces que ses prémisses, et qu'il n'ait pas demandé positivement la suppression de l'inspectorat, il est bien évident qu'un certain nombre de personnes voudraient voir les fonctions de l'inspecteur dévolues à une commission médicale composée de tous les médecins exerçant dans le pays où se trouvent les sources d'eaux minérales. Mais ces fonctions ne peuvent être collectives, chaque médecin ne peut être inspecteur; il faudra à la tête de cette commission un président, un chef qui remplacera l'inspecteur et qui en remplira les fonctions. Quel sera ce chef? Comment sera-t-il nommé? Ces questions méritent d'être posées et examinées. Très-probablement, ce président sera élu par ses confrères; mais s'il est rééligible et s'il est élu plusieurs années de suite, il devient le véritable chef de la corporation, c'est un privilégié, il attire à lui la clientèle, cette maîtresse que courtisent si assidûment les médecins libres, et il a tous les inconvénients de l'inspecteur; c'est un inspecteur élu au lieu d'être un fonctionnaire nommé par le gouvernement, mais c'est un privilégié, il blesse les droits de l'égalité. Si le même n'est pas toujours réélu, n'est-il pas à craindre que le choix ne tourne sur deux ou trois noms, successivement portés et toujours les mêmes par le fait d'une coterie, et là encore il y a privilége; il y a des gens favorisés et d'autres qui sont victimes.

Dans une autre hypothèse, chaque médecin arrivera à son tour président de la commission, et c'est ainsi que fonctionnait le conseil médical d'Aix dont il a été tant parlé. Mais alors n'est-il pas à craindre que pendant certaines années le président ne possède pas toutes les conditions de capacité, d'indépendance et d'honorabilité voulues pour exercer dignement ces fonctions importantes de surveillance et de direction dont nous avons parlé. Et n'y a-t-il pas dans ce mode de roulement quelque chose à craindre pour la bonne tenue de l'établissement, pour l'exécution des prescriptions faites aux malades et surtout pour la considération médicale.

Et d'ailleurs, messieurs, toutes ces questions de commissions ne sont applicables qu'à un nombre assez restreint de stations minérales, qu'à celles où afflue un nombre considérable de malades, à Vichy, à Luchon, à Aix, etc.; dans beaucoup de petites stations il n'y a qu'un ou deux médecins, et, s'il n'y avait pas d'inspecteur, il y aurait souvent des médecins au-dessous de leur tâche, auxquels n'accorderaient nulle confiance les malades, ordinairement d'une classe élevée, qui se rendent aux eaux pour leur santé. Sous ce rapport, je puis encore vous citer un exemple, c'est celui d'un établissement d'eaux minérales, que je connais très-bien parce que j'y envoie tous les ans un assez grand nombre de malades, je veux parler de Saint-Gervais, en Savoie; avant l'annexion de ce pays à la France, il n'y avait pas d'inspecteur; les fonctions médicales étaient remplies par le directeur-propriétaire, homme très-distingué, très-charitable, dont je ne saurais dire trop de bien, mais qui, tout en connaissant bien ses eaux et en sachant à merveille les appliquer, manquait des connaissances médicales pratiques nécessaires pour soigner les maladies intercurrentes et accidentelles qui pouvaient atteindre les personnes allant prendre les eaux pour une maladie chronique. A cause de cet état d'insuffisance, plusieurs médecins n'osaient pas envoyer leurs malades à Saint-Gervais; un assez grand nombre de personnes, à ma connaissance, après y avoir fait un séjour, ne consentaient pas à y retourner, de peur de manquer de soins pour eux et pour leur famille, en cas de maladie. Depuis l'annexion de la Savoie à la France, un inspecteur a été nommé, et surtout depuis l'installation de l'inspecteur actuel, dont tout le monde se plaît à louer le dévouement et la capacité, le nombre des malades augmente d'année en année, et l'établissement n'est plus assez vaste pour contenir le nombre des personnes qui s'y rendent de tous côtés.

Et pour être moins indispensables dans les grandes stations, les inspecteurs n'en sont pas moins utiles : à eux la mission de soigner les malades pauvres, de surveiller l'exploitation des eaux, de donner des avis à l'administration, de diriger, de surveiller, de dresser même les gens de service; n'est-ce pas à l'inspecteur de faire l'éducation des employés pour les douches, pour l'hydrothérapie, ces accessoires si employés aujourd'hui des eaux minérales prises en boisson. Et ne sait-on pas que ces moyens ne donnent des résultats satisfaisants qu'à la condition qu'ils sont bien appliqués, par des gens habiles et instruits. Ces devoirs de l'inspecteur sont très-importants, comme vous le voyez ; mais, disent les adversaires de l'état actuel, les inspecteurs sont peu désireux de les remplir ; certains même s'en abstiennent complétement. Cette accusation est malheureusement fondée pour quelques-uns, mais je ne crains pas de dire que le nombre des inspecteurs peu scrupuleux est très-minime et que la grande majorité tient à honneur de faire ce service avec zèle et dévouement ; et de ce fait fâcheux de la défaillance de quelques-uns, j'en fais même un argument en faveur du maintien de l'inspecteur. Je souhaite en effet que les inspecteurs indignes, par leur négligence, d'exercer des fonctions aussi honorables et aussi utiles, soient révoqués par l'administration, qui a le droit de les rendre responsables de leur négligence, et j'appelle sur eux toutes les rigueurs du gouvernement, quelle que soit d'ailleurs leur position médicale. Ce sont des agents du gouvernement, qui peut les révoquer au besoin, s'ils le méritent. Mais si ces fonctions de contrôle, de conseil, dévolues aux inspecteurs actuels, étaient exercées par des médecins libres, quelle action voulez-vous que le gouvernement ait sur eux ? Quelle que soit leur négligence, leur oubli des devoirs qu'ils ont consenti à remplir, on sera obligé de les supporter ; ils ne relèvent que de leur conscience, ce qui n'est pas toujours assez ; le gouvernement, qui ne les a pas nommés, ne peut les révoquer, et le désordre peut ainsi s'éterniser.

Je crois donc pour ma part qu'on doit conserver les inspecteurs des eaux minérales, je crois qu'on trouvera en eux plus d'indépendance, plus de capacité, plus de responsabilité que dans un médecin élu. Mais, pour que ces fonctions soient respectées, pour que ces conditions de capacité scientifique, d'honorabilité professionnelle soient remplies, je demanderais un nouveau mode de recrutement des inspecteurs des établissements thermaux. A tort ou à raison, je ne veux pas discuter cette question, et je ne veux surtout faire aucune personnalité ; on a accusé les inspecteurs d'être nommés à la faveur, on accuse encore le Comité consultatif d'hygiène publique, qui jouit du privilége de présenter des candidats aux places vacantes, de manquer d'indépendance vis-à-vis du ministre nommant. Ce conseil, d'ailleurs, ne fait qu'une liste de présentation et le ministre peut faire un choix en dehors des candidats désignés. Ces inconvénients qui peuvent paraître réels disparaîtraient en grande partie si les inspecteurs nommés par le gouvernement ne pouvaient être choisis que parmi les candidats figurant sur une double liste présentée d'une part par le Conseil supérieur d'hygiène publique et d'autre part par l'Académie de médecine. Cette ingérence de l'Académie dans la nomination des inspecteurs me paraît justifiée par ses rapports avec le gouvernement, par sa mission d'indiquer les améliorations à opérer dans le régime des établissements thermaux et par sa mission à proposer des prix pour les inspecteurs méritants. Quant à cette proposition de liste, présentée par notre Académie, elle ne cherche qu'à imiter ce qui se passe à l'Académie des sciences, chargée de présenter des candidats pour certaines chaires et certains emplois scientifiques. Je préférerais ce mode de nomination au concours qui a été proposé. Ce concours, difficile pour des médecins inspecteurs, aurait pour principal inconvénient de favoriser les jeunes médecins au détriment des médecins libres établis depuis longtemps dans certaines stations dont ils pourraient devenir utilement les inspecteurs et dont l'Académie serait très-bien placée pour apprécier les travaux scientifiques et les aptitudes administratives.

Comme tous les orateurs qui ont parlé sur cette question jusqu'ici, je demande également que les attributions de l'inspecteur soient augmentées, je voudrais notamment qu'ils eussent le droit de révoquer les employés indociles ou incapables, seul moyen d'assurer la régularité et l'exactitude du service et d'obtenir des résultats heureux de l'administration des eaux minérales. Je désirerais également qu'on ne pût faire aucun aménagement nouveau des eaux, aucun changement, sans demander l'avis de l'inspecteur. Notez, messieurs, que je dis l'avis et non le consentement : en hygiène publique, comme dans la médecine privée, le médecin donne des conseils et non des ordres. A chacun son rôle et sa responsabilité.

Je serais encore d'avis de supprimer les inspecteurs adjoints ; ils sont inutiles, ils font une concurrence fâcheuse aux médecins libres, sans aucune compensation pour l'intérêt public, et je vois surtout un grand inconvénient à leur maintien : cette fonction d'adjoint paraît sans conséquence, elle est accordée le plus souvent assez facilement à un jeune médecin, qui présente peu de garanties et qui, plus tard, s'autorise de ce titre pour demander et quelquefois pour obtenir la place d'inspecteur devenue vacante, au détriment de médecins plus anciens et plus méritants qui n'appartiennent pas encore à l'Administration.

Je vous demanderai, avant de finir, la permission de dire un mot du libre usage des eaux. Contrairement à l'avis de plusieurs de mes éminents collègues, j'avoue que, sous ce rapport, je suis pour la liberté. Dans la plupart des cas, il y a utilité évidente pour les malades à ne faire usage des eaux minérales que sous la direction d'un médecin ; mais il y a cependant quelques exceptions à cette règle générale : d'abord certaines personnes ne vont pas aux eaux pour y faire un traitement sérieux, quelques-uns y cherchent un séjour agréable, quelques autres accompagnent des malades ; empêcherez-vous ces personnes de prendre quelques bains inoffensifs, ou devront-ils véritablement pour le faire avoir une autorisation médicale ? Quelques malades encore et le nombre en est assez grand dans certaines stations, à Vichy par exemple, se rendent aux eaux tous les ans, ils y retournent, envoyés par leur médecin ordinaire, pour les cinquième, huitième, dixième fois ; ils ont consulté un médecin des eaux dans les premières années, mais, plus tard, pour suivre toujours le même traitement, ils n'en ont plus besoin, ils peuvent se diriger eux-mêmes, le médecin ne ferait que leur donner des conseils connus ; les forcer à se munir d'une autorisation médicale, c'est les soumettre à une mesure fiscale, et je ne connais qu'un homme qui puisse honorablement se livrer à un acte fiscal, c'est le percepteur des contributions ou le délégué du ministre des finances parce qu'il reçoit de l'argent qui ne passe dans sa caisse que pour aller dans la caisse du trésor public. Exiger des malades qu'ils ne puissent prendre les eaux sans prescription médicale, c'est rabaisser le rôle des médecins à celui de ces gardiens auxquels il faut donner une rétribution pour visiter certains musées ou certains monuments publics. Je pense donc que ce procédé compromettrait la considération qui doit s'attacher à la qualité de médecin.

Je me résume en quelques mots, en demandant le maintien de l'inspectorat, l'extension des attributions données à l'inspecteur dans l'intérêt général, la suppression des adjoints, et, pour les places dorénavant vacantes, la nomination de l'inspecteur par le ministre sur une double liste de candidats, présentée, d'une part, par le Comité consultatif d'hygiène publique, d'autre part, par l'Académie de médecine. Si l'Académie partage mon opinion sur ces différents points, je la prie de décider que ces vœux seront inscrits dans le rapport de la Commission des eaux minérales actuellement en discussion.

Paris. — Imprimerie de E. Martinet, rue Mignon, 2.

www.ingramcontent.com/pod-product-compliance
Ingram Content Group UK Ltd.
Pitfield, Milton Keynes, MK11 3LW, UK
UKHW020456220726
13923UKWH00006B/2573

9 782019 269777